達克比辦案 2

壞蛋的祕密

另類的動物育兒行為

文 胡妙芬　圖 彭永成

親子天下

課本像漫畫書 童年夢想實現了

臺灣大學昆蟲系名譽教授 **石正人**

看漫畫，看卡通，一直是小朋友的最愛。回想小學時，放學回家的路上，最期待的是經過出租漫畫店，大家湊點錢，好幾個同學擠在一起，爭看《諸葛四郎大戰魔鬼黨》，書中的四郎與真平，成了我心目中的英雄人物。常常看到忘記回家，還勞動學校老師出來趕人。當時心中嘀咕著：「如果課本像漫畫書，不知有多好！」

拿到《達克比辦案》系列書稿，看著看著，竟然就翻到最後一頁，欲罷不能。這是一本漫畫融入知識的書，非常吸引人。

作者以動物警察達克比為主角，合理的帶讀者深入動物世界，調查各種動物世界的行為和生態，很多深奧的知識，例如擬態、偽裝、共生、演化等，躍然紙上。書中不時穿插「小檔案」和「辦案筆記」等，讓人覺得像是在看CSI影片一樣的精采。而很多生命科學的知識，已經不知不覺進入到讀者腦海中。

真是為現代的學生感到高興，有這麼精采的科學漫畫讀本。也期待動物警察達克比，繼續帶領大家深入生物世界，發掘更多、更新鮮的知識。我相信，達克比在小孩的心目中，有一天，會像是我小時候心目中的四郎和真平一般。

我幼年期待的夢想：「如果課本像漫畫書」，真的是實現了！

從故事中學習科學研究的方法與態度

臺灣大學森林環境暨資源學系教授 **袁孝維**

《達克比辦案》系列漫畫圖書趣味橫生，將課堂裡的生物知識轉換成幽默風趣的漫畫。主角是一隻可以上天下海、縮小變身的動物警察達克比，他以專業辦案手法，加上偶然出錯的小插曲，將不同的動物行為及生態知識，用各個事件發生的方式一一呈現。案件裡的關鍵人物陸續出場，各個角色之間互動對話，達克比抽絲剝繭，理出頭緒，還認真的寫了「我的辦案心得筆記」。書裡傳達的不僅是知識，這樣的說故事過程是在教小朋友假說的擬定、邏輯的思考、比對驗證等科學研究的方法與態度。不得不佩服作者由故事發想、構思、布局，再藉由繪者的妙手，生動活潑呈現的高超境界了。

作者是我臺大動物所的學妹胡妙芬，有豐厚的專業背景，因此這一系列的科普漫畫書，添加趣味性與擬人化，讓小朋友在開心快樂的閱讀氛圍裡，獲得正確的科學知識，在大笑之餘，收穫滿滿。

趣味故事情節　激發知識學習力

前國立海洋生物博物館館長
中山大學海洋生物科技暨資源學系教授　**王維賢**

我們居住的地球上住著各式各樣的生物，從昆蟲世界到大型哺乳動物；從陸生生物到海底世界生物，從飛翔空中到悠游大海。他們各有各的居住環境，也各自擁有不同的生存法寶。他們的世界多彩多姿，超乎想像，他們的行為有時更是令人瞠目結舌，不可思議。

這些現象或行為經過生物學家努力探究之後，都逐一揭開神祕面紗，並將研究成果發表在學術刊物或轉化成為教科書上的內容，當然這些發現也是很好的科普教育題材，尤其是在強調環境生態教育的今天，更顯重要。如能將科普題材以淺顯易懂的方式呈現，在寓教於樂的氛圍設計下進行學習，將會有事半功倍的效果。

本書即是希望讀者透過輕鬆的漫畫閱讀，在擬人化的詼諧對話中進行知識的獲取。

故事中的主角達克比是一隻鴨嘴獸，他經由抽絲剝繭的辦案方式來引導大家一步一步的去了解嫌疑犯的行為，中間穿插一些生物或生態習性的介紹，最後並進行有罪無罪判決，希望大家在看完故事之後都能留下深刻印象，並因此了解書中生物的相關知識。

本書擬人化的創作方式，以建構的趣味性來帶動故事情節，建議讀者們以輕鬆的心情閱讀此書，必能有很好的收穫。

一旦開始看，就停不下來

金鼎獎科普作家　**張東君**

鴨嘴獸達克比是一個動物警察，愛心和正義感很強大，為了打擊犯罪上山下海，除了警用背包和警棍之外還配備著生物縮小燈，在接獲民眾報案後，確實調查、追蹤，並在解決問題之後填寫詳盡的調查報告。

達克比辦過的案子愈來愈多，書中都是以幽默的辦案方式帶出動物的生活與行為，既有趣又非常引人入勝。例如，某次達克比跟女朋友約會，卻遭遇不幸——照過縮小燈在花海中散步時，一顆便便打在女朋友頭上，把女朋友氣跑了！達克比去找做壞事的人，卻目擊幾隻昆蟲正在欺負弱小。經過調查，原來大家只是在邀挵蝶幼蟲打棒球，但挵蝶幼蟲怕自己打棒球時被天敵抓走而拒絕，他平時躲著是為了不被發現，所以會把大便彈到很遠的地方，混淆天敵。達克比恍然大悟，原來他就是破壞約會的元凶！

《達克比辦案》系列就是這麼好看，只要看一篇，就停不下來。作者叫妙妙，寫的故事也實在真是妙啊！

推薦序　**石正人** 臺灣大學昆蟲系教授　2

推薦序　**袁孝維** 臺灣大學森林環境資源學系教授　2

推薦序　**王維賢** 前國立海洋生物博物館館長　3

推薦序　**張東君** 金鼎獎科普作家　3

達克比的任務裝備　7

黑心嬰兒食品屋　9

- **糞金龜小檔案**　12
- **埋葬蟲小檔案**　20
- **我的辦案筆記**　29

蟻王要換妻　31

- **白蟻小檔案**　36

我的辦案筆記 51

吃孩子的狠心媽媽 53

吳郭魚小檔案 56

我的辦案筆記 71

壞蛋的祕密 73

棕頭牛鸝小檔案 78

我的辦案筆記 93

小老大離家記 95

福德蘭冠企鵝小檔案 98

我的辦案筆記 112

小木屋派出所新血招募 113

鴨嘴獸「達克比」是一個動物警察，
駐守在河邊的小木屋派出所。

達克比的任務裝備

達克比，游河裡，上山下海，哪兒都去；
有愛心，守正義，打擊犯罪，牠跑第一。

猜猜看，他會遇到什麼有趣的動物案件呢？

微笑警徽
希望天下太平、世界大同。

嘴
扁嘴巴，沒有牙，
最恨被看做鴨子嘴。

潛水鏡
為了耍帥，隨時戴著。

紅領巾
熱愛紅色，
代表滿腔的熱血。

警用背包
裡面什麼都有，
出門辦案時還能順
便帶乖乖和點心。

生物縮小糖
最新科技，
吃一顆，
身體就能縮小。

霹靂腰帶
水桶腰，繫起來
勉勉強強。

尾巴
又寬又扁，
適合在水中快速游泳。

警棍
用來打擊犯罪，
偶而也拿來打打棒球。

皮毛
毛皮厚，可防水，
游泳時就像穿著潛水裝。

黑心嬰兒食品屋

呵~
吃
吃
吃
小朋友~
分警察叔叔
吃一口，
好不好？
哼！不行！
這是馬麻
買給我的！
一小口就好，
拜託拜託……
警察辦案很辛苦耶！
才不要！
這是我最愛的
「豬大便」。
要吃，自己
去買！
還以為是
冰淇淋
什麼？
豬……
豬大便？!

ㄅㄨ
噁~
噁~
可惡！
誰這麼黑心？
賣大便給
小孩吃？！
糞金龜啊！他開的「嬰兒
食品屋」在那裡。 要買
趕快去，不然就賣光囉！
好啊……
咬牙切齒中
孩子要吃得健康，
才能安全長大。
竟敢賣不衛生又不營養
的大便給孩子吃？!
黑心老闆你別跑，
我來**抓你了**！
好吃
好吃

糞金龜小檔案

（單位：公分）

姓 名	糞金龜
年 齡	成蟲
分布地帶	糞金龜有兩萬多種；除了南極洲以外，世界各大洲皆有分布。
特 徵	以糞便或屍體為食。許多糞金龜有推動糞球的行為，頭部或前腳經常呈現鋸齒狀，方便用來挖掘大便，或是切開整塊糞便。
犯罪嫌疑	販賣黑心嬰兒食品、危害兒童身體健康。

歡迎光臨！
嘩
嘩
我們的嬰兒食品
口味齊全唷！
慢慢挑、慢慢逛！
先假裝成顧客，
引誘她拿出
犯罪證據……
為了方便調
查，吃了生
物縮小糖。
請進
請進
客人要找什麼嗎？
我們的產品又營養
又新鮮……
……還有很多外面
買不到的「特殊」
口味喔。……
悄悄~
ㄟˊ？

：呃……我想送給朋友的小孩，我那朋友老愛標新立異，你剛才說的「特殊」口味，說不定他會喜歡！可以拿給我看看嗎？
：當然當然！不瞞您說，這些食物的味道實在「太」特別，不方便放在店面的架子上……所以，我去倉庫裡面拿，請您稍等一下。
：（哼，說這麼好聽！要不是黑心貨，為什麼要作賊心虛，藏在倉庫裡啊？等著，待會兒要你好看）。
：來了！您先試吃這一個。
噁～
好臭的大便味！
快拿走！
飄～
啊？您不喜歡嗎？

：唉……這就是我把它藏在倉庫的原因。這種特殊味道常把客人嚇跑；不過，也有客人愛得要命，買回去把孩子餵得又白又胖。
：你少亂說！世界上，哪有爸媽會用大便餵小孩？
：當然有！不說別人，我們糞金龜就是吃大便長大的喔！
：不會吧？你怎麼不早說……噁……
過去一點，
別靠我太近……

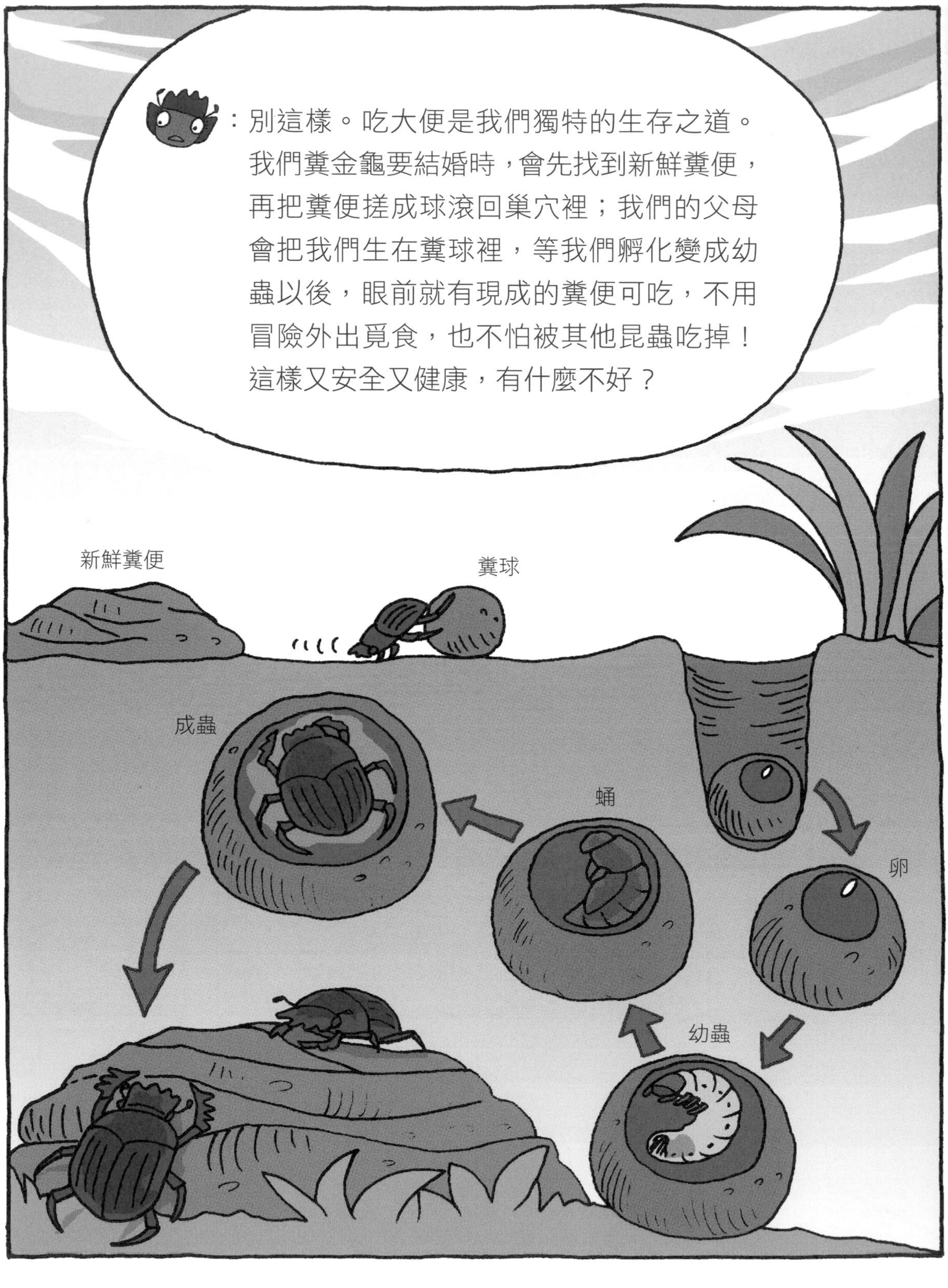
：別這樣。吃大便是我們獨特的生存之道。我們糞金龜要結婚時，會先找到新鮮糞便，再把糞便搓成球滾回巢穴裡；我們的父母會把我們生在糞球裡，等我們孵化變成幼蟲以後，眼前就有現成的糞便可吃，不用冒險外出覓食，也不怕被其他昆蟲吃掉！這樣又安全又健康，有什麼不好？
新鮮糞便
糞球
成蟲
蛹
卵
幼蟲

我不相信！大便是動物排出的廢物耶，哪有什麼營養？你們賣這個，太黑心了！
!
這您有所不知！……
?
請用放大鏡看看這坨象糞……
……在動物的糞便裡，其實還有很多沒有被消化的植物纖維或食物殘渣……
大象的糞便
未被消化的植物纖維
象糞
……這些殘渣是我們重要的食物來源；而且真的很美味喔，不信的話……
會不會我真的錯怪她了……

……還有象糞、馬糞、牛糞和兔子大便四種口味，要不要都吃一口看看？
噁～
還有啊？
快拿走！
抽象派
聞香下馬
蠻牛
玉兔搗糞

：看來您真的不喜歡……沒關係！再為您介紹「鼠條」罐頭——死老鼠，好吃喔！
：怎麼還是這麼噁心！
：噁心？哪會？
：嬰兒食品應該愈新鮮愈好。怎麼可以用死屍餵孩子？這是黑心食品！
：您又誤會了！動物屍體是大自然裡非常重要的蛋白質來源，不管是禿鷹、土狼……或是埋葬蟲，好多動物都搶著吃呢！

埋葬蟲小檔案

（單位：公分）

姓　名	埋葬蟲
分布地帶	遍布全世界。經常出現在樹林、草原地面上的動物屍體旁。
特　徵	屬於甲蟲的一種，具有三種容易辨認的特徵：一是鞘翅比較短，尾端經常露在鞘翅的外面；二是身體大部分為黑褐色，搭配黃色或橘紅色的花紋。第三則是觸角的末端膨大，像棒槌的形狀。
生活習性	以腐屍或糞便為食。利用敏銳的嗅覺尋找小動物的屍體。
犯罪嫌疑	用腐爛的屍體製造黑心的嬰兒食品。

怎麼樣？
買一罐吧？
NO NO NO
系列商品還有
促銷活動喔……
?!
只要集滿老鼠、鼹鼠、青蛙、兔寶寶四種包裝的造型貼紙，寄回店裡，就送木乃伊造型公仔！
SALE
好恐怖！
我要吐了……
老鼠、鼹鼠、青蛙、兔子都是埋葬蟲經常用來餵養幼兒的小動物。

埋葬蟲的恐怖育嬰房

埋葬蟲用動物的屍體打造育嬰室。當埋葬蟲要產卵時，夫妻會共同合作，把青蛙、小鳥或老鼠等小動物的屍體拖到柔軟的泥土上，然後從屍體下方的地面往下挖，讓屍體陷進地底下，再把屍體「埋葬」起來，當做孩子未來的食物。

牠們把卵產在屍體邊，還把動物的屍肉做成「肉團」餵食小寶寶。這種行為聽起來雖然恐怖，但是能確保幼蟲在隱密的地下長大，又有足夠的食物可吃，所以是聰明又安全的育嬰方法。

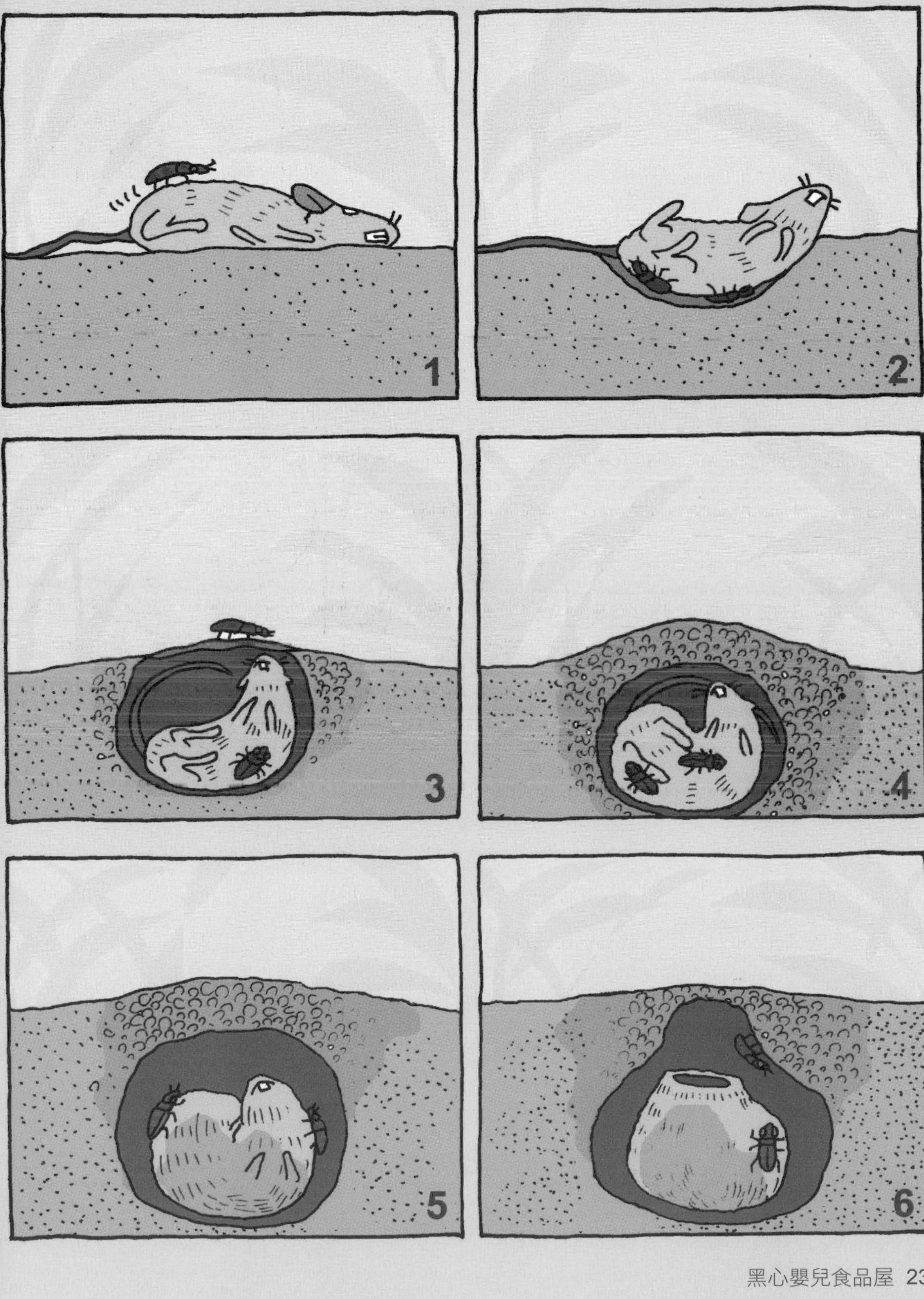
1
2
3
4
5
6

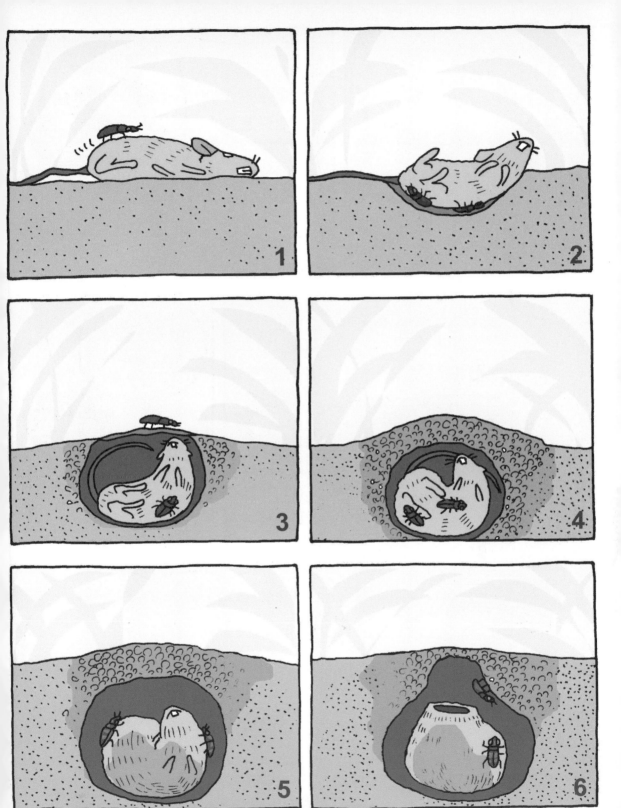

你這裡好像動物墳場喔，
不怕半夜鬼冒出來，
嗚嗚……
我才不怕！
只要小寶寶們
都能健康長大，
就算賣的食物
「有毒」，我
也在所不辭！
啊哈！說溜嘴了吧！
什麼「有毒」？
快給我交出來！
!
搞半天原來
是警察……
：警察先生您別激動。
這款有毒的嬰兒食品其實是用
「馬利筋」的葉子做成的，
很多蝴蝶的幼蟲都很愛吃，
尤其是「樺斑蝶」……

樺斑蝶吃「毒」長大

馬利筋是公園、學校裡常見的園藝植物，經常開著顏色鮮豔的漂亮小花。可是馬利筋全株有毒，尤其是白色的乳汁，具有有毒的生物鹼，不小心吃到，就會引起衰弱、腫脹、發燒、呼吸困難等中毒症狀。

馬利筋雖然有毒，卻是樺斑蝶和許多蝴蝶幼蟲非吃不可的食物。他們能把馬利筋的毒性累積在體內，讓誤吃他們的鳥類嘔吐或肚子痛；所以久而久之，鳥兒就不敢吃樺斑蝶了。

在馬利筋上生蛋，
讓寶寶一出生就吃
「毒」，我真聰明！
馬利筋的葉子
樺斑蝶的卵
嗯～
好吃好吃！
咔嚓！
咔嚓！
幼蟲
看到我的警戒色
沒？我身上有馬
利筋的毒，敢吃
我你就完蛋囉！
謝謝馬利筋的毒性，
保護我順利長成蝴蝶！
蛹

嘿嘿……
要不要吃一口
看看？
不懷
好意
有毒還叫我吃？
你很壞耶！
哈哈，
你怕了！
一般的動物吃了
會衰弱、腫脹、
呼吸困難……
：但是，樺斑蝶或某些蝴蝶卻不
吃不行！如果體內沒有馬利筋的「毒」
保護他們，他們就不能嚇走鳥類，反
而會有生命危險……
所以，
我們的產品都很好！
沒有什麼黑心食品！
好啦好啦，是我
錯怪你們了……

啾~
啾~
小朋友！你還在這裡啊～
想不想試試新產品？
？
鴨嘴獸口味
哇！
叔叔剛才現做的，趁新鮮，趕快吃唷～
嗯

我的辦案筆記

報案人：糞金龜幼蟲

報案原因：糞金龜老闆賣「大便」給小孩吃

調查結果：

1. 大便和屍體雖然「不新鮮」，但是對某些動物來說，還是很有營養價值。

2. 吃屍體的好處是：不用花力氣追活的獵物，也不用冒著受傷的危險和獵物打架。

3. 吃別人覺得噁心的食物其實好處多多，因為，來搶食物的競爭對手比較少。

調查心得：

你吃香蕉，我吃皮；
你愛蘋果，我愛梨；
不爭不搶又和氣，
這樣的世界好「黑皮」。

無罪

蟻王要換妻

喂！你！
我是白蟻國的蟻王！快派人來幫我換個太太！
蟻王？你喝醉了吧……
喝醉又怎樣！
那個老太婆！……婚前明明身材苗條、婀娜多姿；那次雨後的結婚飛行（請見第 33 頁），我才會被她迷得神魂顛倒，和她結婚……
哇～
結果一結完婚，她就變成黃臉婆！
！
整天只會生蛋、生蛋、生蛋！一點都不浪漫，氣死我了！
ㄟˊ，您這麼說不對喔……
咕嚕
蟻后會變黃臉婆，還不是因為照顧小孩子很辛苦……
哼，她嗎？才沒有！

蟻王和蟻后的結婚飛行

快要下大雨前，空中經常飛來許多白蟻。這些白蟻是具有翅膀和生殖能力的「生殖蟻」，和無法生殖的工蟻、兵蟻很不一樣。生殖蟻會趁著大雨前空氣溼潤的時候飛出巢穴，在空中進行浪漫的結婚飛行。

在空中，雄白蟻和雌白蟻互相吸引、追逐。飛不到幾十公尺之後，牠們脆弱的翅膀便會脫落下來，降落在地面交配，然後尋找適合的地點築巢，胼手胝足的打造一個全新的白蟻王國。

要下雨了！快趁空氣中水氣充足的時候，飛出去找配偶吧。
嗯！準備起飛～
白蟻的結婚飛行又稱為「婚飛」。
嘩～
嘩～
生殖蟻的翅膀脫落以後，開始建立新家園。
第一批幼兒由蟻王、蟻后親手照顧。等牠們長大，成為工蟻之後，覓食、清潔等雜務都交由工蟻負責；蟻后只負責產卵，蟻王則為卵授精。
哇～
哇～

她變得又胖、又懶……
不顧孩子，反而要孩子照顧她、幫她洗澡、餵她吃飯！我的孩子好命苦，你知道嗎？嗚嗚……
怎麼有這種媽媽？
……不管啦！反正你給我找個好女人，這麼懶的太太，我不要了！
喂，這裡是警察局，又不是什麼「婚姻介紹所」！
管你！我是「國王」ㄟ～不照我的話去辦，你等著被砍頭！
嘟嘟嘟……
到底發生什麼事？難道蟻后「家暴」？還是「虐童」嗎？？
好吧！吃顆生物縮小糖，鑽進白蟻窩裡一探究竟。

白蟻小檔案

（單位：公釐）

姓　名	白蟻
分布地帶	有些在枯木或木屋、木頭家具中挖洞築巢，有些則用泥土加上自己的糞便或唾液，在地面上建築巨大的蟻丘。
特　徵	白蟻怕光，隱居在巢穴中的黑暗通道裡。牠們以木頭或植物纖維為食，能夠分解腐木，讓枯死的木頭化為養份，重新被土壤吸收，所以是大自然的「清道夫」，被視為「益蟲」；但是牠們也會蛀蝕人類的木屋或木頭家具，所以也有「害蟲」的一面。
犯罪嫌疑	虐待童工、不照顧自己的小孩。

白蟻的兵蟻有「象鼻型」和「大顎型」兩種，請見第40頁的介紹。

＊在大自然中，這兩型兵蟻不會出現在同一巢中，此為漫畫效果。

!
我是動物派出所的警察，有事想要請教蟻后。
原來是警察先生。請跟我來！
奇怪？這個白白軟軟的是什麼？還好它救了我，不然我屁股就要開花了……
蠕動
蠕動
蠕動

是「國」也是「家」
認識白蟻王國的大家庭

白蟻不是螞蟻，但是和螞蟻一樣屬於「社會性」昆蟲。整個白蟻王國其實就是由一對雄、雌白蟻建立的龐大家庭，有些家庭的成員甚至可以超過一百萬隻。在這個大家庭中，除了蟻王和蟻后之外，其他成千上萬的兵蟻、工蟻和生殖蟻等等，全都是蟻王和蟻后的兒女。牠們肩負著不同的任務，靠著彼此的合作，讓整個白蟻王國可以健康、順利的運作與壯大。

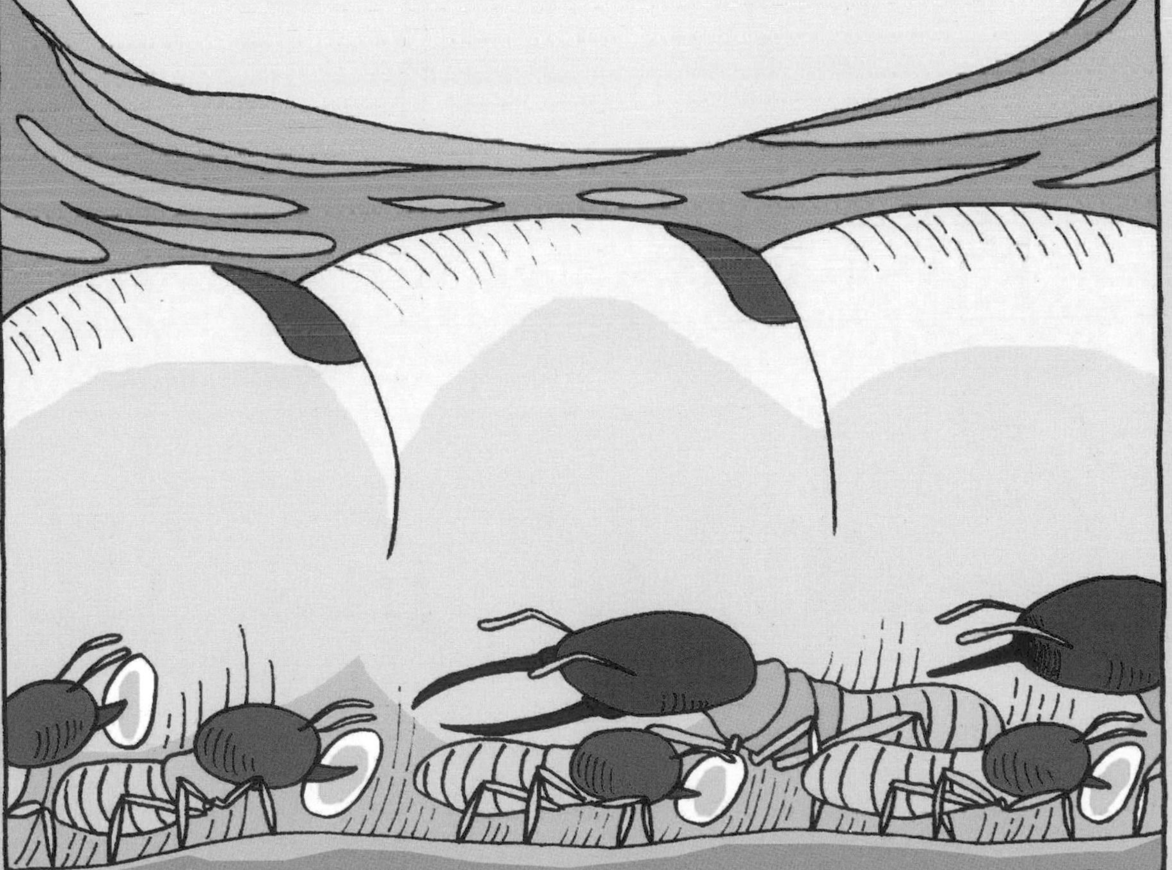

蟻王與蟻后

剛開始創建王國時，年輕的蟻后和蟻王會親自築巢、照顧第一批兒女，等他們長大以後，蟻后就只負責產卵，蟻王負責為卵授精。

工蟻

白蟻王國裡數量最多的階級。負責修補蟻巢、覓食、照顧蟻王、蟻后和蟻卵、幼蟻等各式各樣的雜事。沒有生殖能力。

兵蟻

體格健壯，負責保衛蟻巢。有些種類的兵蟻是「象鼻型」有些則是「大顎型」；象鼻型能噴射膠液把敵人趕走，大顎型則用強壯的大顎戳刺敵人，或把敵人攔腰咬斷。不具生殖能力。

生殖蟻

有些幼蟻會長成具生殖能力又帶有翅膀的生殖蟻。牠們的任務是在生殖季節時飛出蟻巢、尋找另一半，然後建立新的白蟻王國。

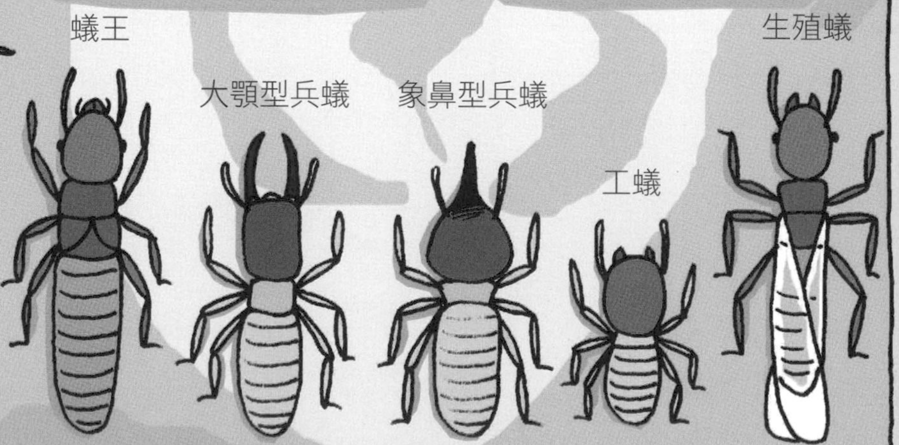

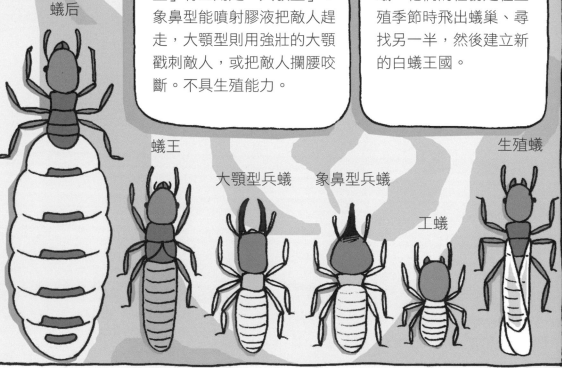

【白蟻和螞蟻不一樣】

白蟻：
體色比較淡，腰比較粗，頭上的觸角呈「念珠」狀，兩對翅膀一樣長，所以被劃分為「等翅目」家族。

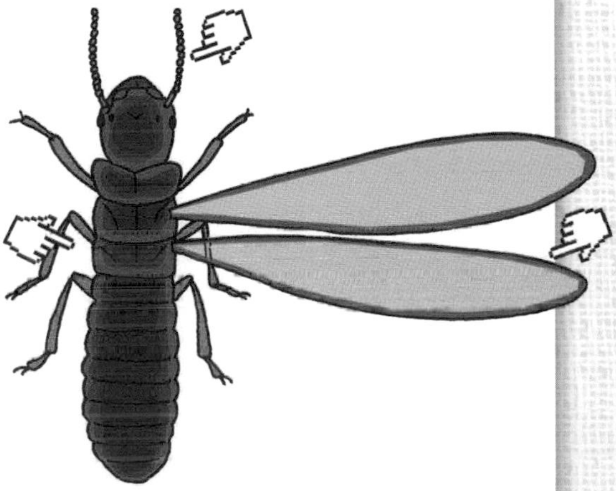

螞蟻：
體色比較深，腰比較細，觸角呈「膝」狀；在兩對翅膀中，前翅比後翅長，和蜂類一樣屬於「膜翅目」家族。

好像一條白色的大熱狗……
戳戳
ㄉㄨㄞ~
是誰?!誰戳我的肚子?
嚇!!

沒禮貌的傢伙！你是誰？我是蟻后你知不知道啊！
抱歉
抱歉
……
其實我是……
咕嚕嚕
被你戳得我都餓了……孩子們！快拿東西來餵我吃！
是的！母后！
我是動物警察達克比。請問王后陛下，您的肚子怎麼會……

：不好意思開口嗎？我來幫你問，我的肚子怎麼這麼「胖」，對不對？
：呃……恕在下斗膽。
：沒辦法！誰教我是蟻巢裡唯一的蟻后。為了讓我們白蟻王國的白蟻愈來愈多，我只好犧牲自己的身材，不斷不斷的生蛋……
：生了蛋肚子才變大的？那這算「產後發福」囉？
：要這麼說也可以。我每一天要生 3 萬顆蛋，肚子不大一點，怎麼可能塞的下？
3萬顆？
蠕動
蠕動

：哇!! …… 這得幾秒生 1 顆才來得及啊？
讓我算算……

：我算過啦，平均是2.88秒。速度最快的時候，1秒1顆，夠忙了吧？沒辦法，整個白蟻國有上百萬隻的白蟻，都是靠我一個一個「生」出來！不然的話，我們白蟻國的白蟻哪會愈來愈多，王國哪會愈來愈壯大呢？

蟻后腹部的卵巢不斷製造大量的卵，所以腹部的體節會慢慢被撐開，露出白色的「節間膜」。因此隨著年齡的增加，蟻后的體型會愈來愈大；有些蟻后可以活好幾十年，體重則增加到兵蟻或工蟻的一千倍。

母后，您的食物來了。
YA~
謝謝！還好有你們這些乖孩子，不然媽媽早就餓死了。
呵呵，馬麻，不要客氣。
◎工蟻會吐出半消化的食物餵食蟻后。

既然這樣……我背後有點癢，可不可以幫我洗個澡，清潔一下？
咳
咳
好！我們馬上就去。
蟻王說的好像沒錯……母親的份內工作都丟給孩子做……

還有，大家動作再快一點。剛出生的蛋如果不趕快搬進育嬰房照顧，可是會死掉的喔！
快快！
快快！

……這麼懶！除了吃飯、洗澡，連自己生的蛋，也都丟給孩子去照顧，難怪蟻王會……

不好意思。光叫孩子做事，忘了招呼客人……

：還好有這群孩子！兵蟻保護我，工蟻餵我吃飯、幫我洗澡，還會照顧剛出生的弟弟妹妹。要是沒有他們，我就算貴為皇后，也根本活不下去！
：您的孩子的確能幹。可是……您明明是母親，為什麼不照顧孩子？反而要孩子來照顧媽媽呢？
：唉，你看我，為了生蛋，體型胖到無法動彈，所以才事事都要孩子幫忙。不過，我也不是白吃白喝的廢物喔！要不是有我認真生蛋，白蟻王國不可能像現在這麼龐大。所以，這算是一種分工合作！我會這麼做，一切都是為了這個家……
原來如此……

我懂了。
您這麼做，是有
不得已的苦衷。
只不過，
蟻王他……
什麼？!
○#※＊
……
!
偷偷
溜走
你想跑去哪？
給我過來！
完了……
咚～

我變成這樣，還不都為了
我們家！你竟然這麼沒良心，
想要換太太？!
對不起，
我喝醉了……
……
喝醉？我看你是
吃飽太閒沒事幹！
來人哪！!
不會吧？
手打直！
不准抖！
跪
把比你這樣
不乖喔……
親愛的太太…
我下次不敢了
……

我的辦案筆記

報案人：白蟻蟻王

報案原因：蟻后又胖又懶、不顧孩子，
反而要孩子照顧媽媽

調查結果：

1. 蟻后在婚後變胖，不是因為貪吃或懶惰，而是因為每天要生產3萬顆卵，腹部才漸漸被蟻卵撐大。

2. 蟻后的腹部變大後，幾乎無法行動；所以才會要孩子們幫忙餵她或照顧她。

3. 「天子犯法與庶民同罪」，蟻王雖然貴為國王，但是卻在酒後騷擾警察，妨害公務，罰勞動服務8小時。

調查心得：

一角兩角三角形，四角五角六角半，
七角八角九叉腰，十角十一角打電話——
喂～請問有沒有又苗條又會生蛋的白蟻太太？
咳咳，沒有！

妨害公務

吃孩子的狠心媽媽

警察
先生！
唧—
唧—
太可惡了！
我要報案！
怎麼啦？
竟然有人吃自己的孩子！這種媽媽該下地獄，真不像話……
※○＊&%……
鴨太太別激動。到底是誰？你有親眼看到嗎？
有！就是
吳郭魚！
我們剛才去河裡覓食，游到吳郭魚附近時，我和孩子親眼看到，那個媽媽衝過來，大嘴一張……
馬麻，你看！有小魚耶。
嘩~
嘩~
血盆大口

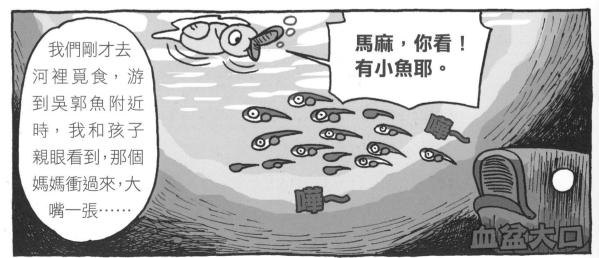

把自己的寶寶全部吃掉！一隻都沒剩……
！
ㄆ一ㄚ
ㄆ一ㄚ
怒視
可憐的小魚……我們做媽媽的，溫柔的疼孩子都來不及……
馬麻，人家要……
不要吵！再吵抓你去餵鱷魚！
逃
逃
肚子再餓，也不能吃親骨肉啊！請你把那個狠心的媽媽抓起來！
好好好……別氣了……
哼！
我現在就出動！去河裡把吃孩子的怪媽媽繩之以法！
正義凜然

吳郭魚小檔案

（單位：公分）

姓　名	莫三比克吳郭魚
分布地帶	原產於非洲，引入台灣以後，遍布各地的河口、池塘或近海沿岸。
特　徵	正式名稱為「莫三比克口孵非鯽」。繁殖力和適應力都很強，即使在污染嚴重、氧氣缺乏的水流中也能生存；身體顏色會隨著環境改變。進入繁殖季節時，公魚會臉頰變白、魚鰭末端變紅，以吸引異性，稱為「婚姻色」。
犯罪嫌疑	為了填飽肚子，謀殺親生骨肉。

啊哈！被我抓到了！
住口！你還吃？放開那些小孩！
這麼囂張？
哼！
可惡！嘴巴給我張開，吐出來！
抵死不從
嗚……救命哪……
糟糕，我得想辦法逼她張嘴，救孩子出來！
NO！

哈！
我有妙計！
看我的……
第一招
搔癢
逗她笑
……
咕嚕
噗
咕嚕
第二招
美食引誘
讓她張口
……
忍
第三招
灑胡椒逼她
咳出小寶寶
……
無動於衷
可惡！都沒用！
不跟警察配合，
我告你妨害公
務喔！
啊？
原來是
警察？
唉，不早說……
孩子們，出來玩耍、
吃東西吧！
!
YA!
YA!
樂

：原來……你把小魚「含」在嘴裡，沒「吞」進去？

：當然！我是他們的親媽媽，保護他們都來不及了，怎麼可能吃掉他們？

：可是……我明明看你氣急敗壞的衝過來，硬把他們吸進嘴裡……

：那是因為你一臉凶巴巴，我以為你是壞人嘛。我們的魚卵和小魚都很脆弱，放在嘴裡保護，我才放心。所以從他們還是魚卵開始，我就把卵放進嘴裡，一邊保護一邊耐心的「孵」蛋；這樣可以提高魚卵成功孵化的機率。

：真稀奇！我只聽過鳥會孵蛋，沒聽說魚也會孵卵！

：呵呵，這就是為什麼人類叫我們「口孵魚類」的原因。不是我自誇，我們孵蛋的技巧可是比鳥類還高明喔！

：真的嗎？沒拿出真本事，隨口說說，可不算數喔。

：你不信？那我露一手，示範給你看。首先，把卵放在嘴裡，嘴巴微微張開，然後不停的拍動鰓蓋，讓水從鰓流進整個口腔，再從嘴巴流出去…

：這麼麻煩？萬一魚卵跟著流出去怎麼辦？

：動作要很小心。而且如果嫌麻煩，我們的寶寶很可能根本孵不出來！

：啊？有這麼嚴重？

：因為新鮮的水流才能帶來充足的氧氣，而且帶動魚卵不斷的轉動，這樣魚寶寶才能健康發育，魚卵也比較不容易發黴。

1 鰓蓋打開，充滿新鮮氧氣的水流（以黃色箭頭表示）被吸入口腔。

2 利用水流攪動魚卵，好讓每顆魚卵都獲得足夠的氧氣。

3 水從嘴巴流出去，魚卵安全的留在口腔裡。

莫三比克吳郭魚的「愛的結晶」

在口孵魚類中，有些種類是由雄魚口孵，有些是由雄魚、雌魚輪流口孵，而有些則是由雌魚單獨扛起口孵的責任，莫三比克吳郭魚就是其中一種。

繁殖季節來臨，莫三比克的雄魚用嘴巴在河底挖一個淺巢，並變化出鮮豔的「婚姻色」吸引雌魚來配對。
哇，顏色好帥！
喜歡嗎？這是繁殖期才有的「婚姻色」喔！

決定配對的雌魚，在雄魚築的巢中產卵。
雄魚耐心的在一旁等待。

產完卵後，
母魚把卵吸入口腔裡。
寶貝來！在媽媽的嘴裡孵化，就不怕被人吃掉了！

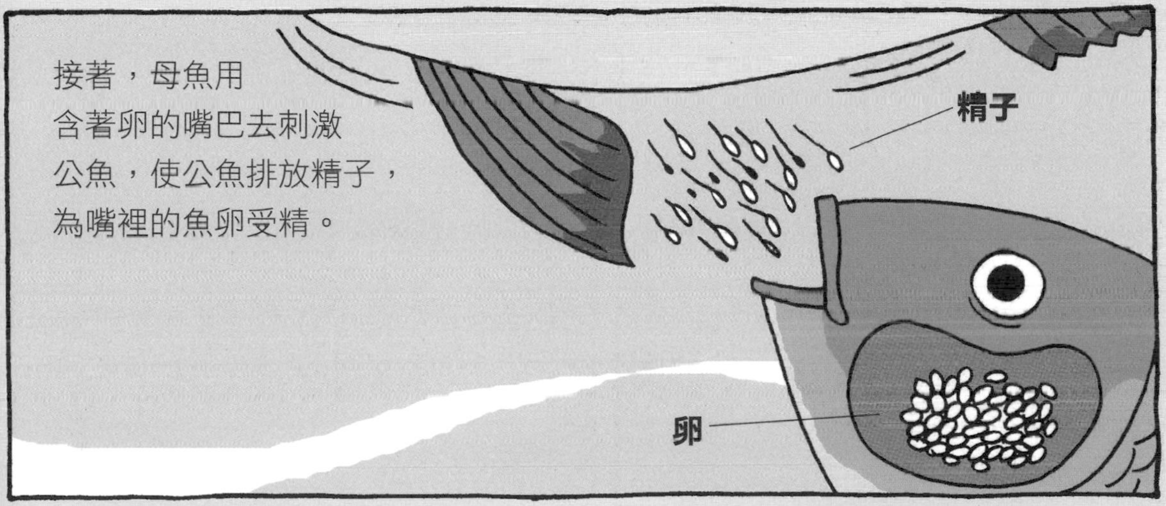
接著，母魚用
含著卵的嘴巴去刺激
公魚，使公魚排放精子，
為嘴裡的魚卵受精。
精子
卵

公魚離開以後，母魚獨自口孵，
直到魚寶寶孵化、具有覓食
能力為止。
再見！
耶！我能自己照顧自己了，媽媽再見！

丟
聽起來很簡單，我也來試試……假裝巧克力是魚卵……
簡單才有鬼……
絕對不能吞……
還要扭動嘴巴，讓魚卵轉動……
左扭～
右扭～
滴口水
呃！
噎！
咳！
咳！
咻一
咻一
咚
咚
咻一
咳！

不及格!! 真正的口孵魚是不能隨便咳嗽的；不然，小寶寶會噴出去，很危險！

：看起來簡單，做起來難。水裡飄著這麼多沙子、草屑什麼的，喉嚨應該很容易發癢、不舒服，就會咳嗽吧？

：是啊。不過為了嘴裡的寶寶，還是得拚命忍住。有些種類的口孵魚會分泌特殊黏液來潤滑喉嚨，就是為了避免咳出小寶寶，前功盡棄。

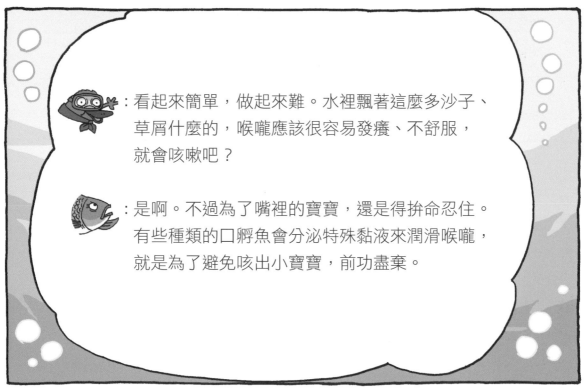

我們會不顧一切，用嘴巴保護孩子，直到他們順利長大為止。
嗯，周到、細心的好媽媽。
母愛
看來是鴨子媽媽誤會了。她看你吸進魚寶寶，以為你吃掉自己的小孩，特別報警來抓你……
啊？
什麼嘛！
我一肩扛起「口孵」的責任……
委屈
……不但要神經兮兮的保持警戒……
其實是船

耶，吃大餐囉……
……肚子好餓，也不敢吃東西……
口孵的魚卵大約要四到六天才會孵化；在口孵期間，母魚攝食量減少，甚至不吃任何東西。
人家明明是模範母親，竟然被說成狠心媽媽……
嗚哇～我怎麼這麼命苦哇……
誤會一場，別傷心……
啊，不然……
您今天好好休息，小魚的安全就交給在下我……
啊？！

啊？有危險！
小魚們別怕！
警察伯伯來
保護你……
吸
吸
吸
數分鐘後
馬麻！叔叔
有口臭！
臭死我了啦！
對……
對不起……
嗯～

真的有動物會「吃」孩子嗎？

保護後代是動物的天性，尤其對人類來說，每個孩子都是父親、母親的心頭肉。不過生物世界總有例外。在大自然裡，的確有父母「吃」掉親骨肉的案例，牠們為什麼吃掉自己的孩子，也都有特殊的原因。

有些魚類、昆蟲或爬蟲類的神經系統很簡單，認不出自己的小孩。只要遇到自己的幼兒，就可能當做食物吃掉。
嗯？有點面熟……
抓緊
吸

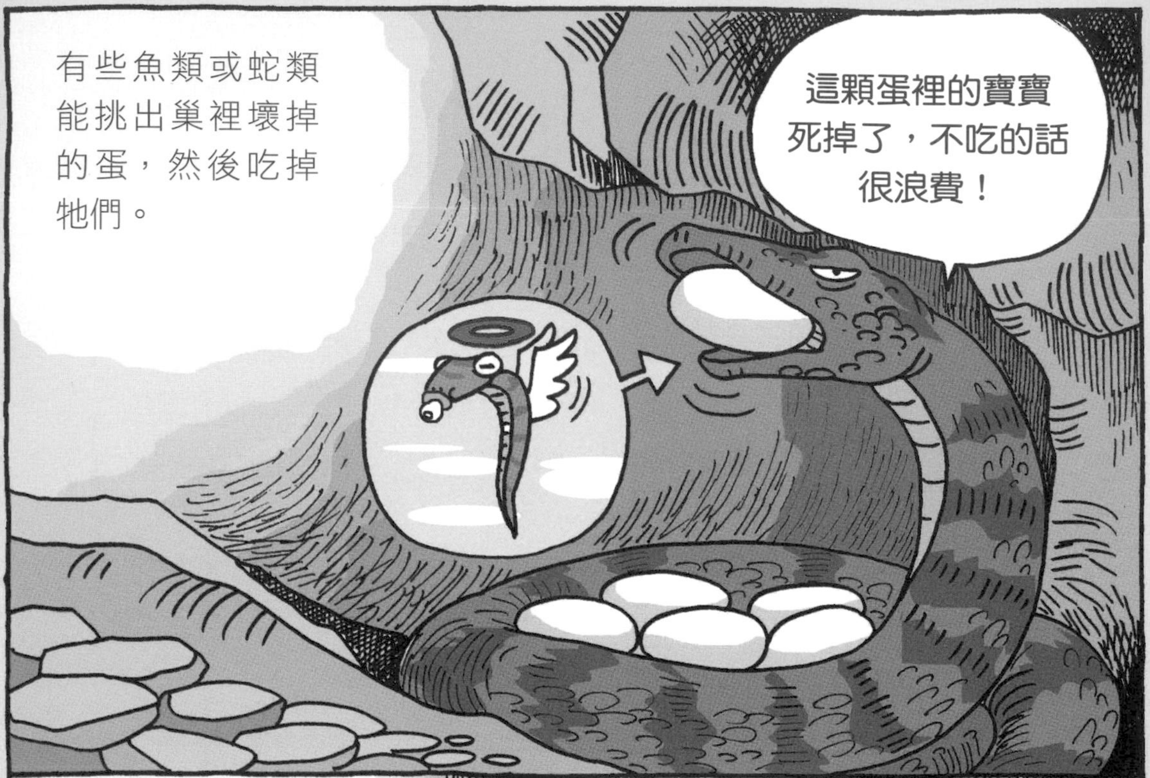
有些魚類或蛇類能挑出巢裡壞掉的蛋，然後吃掉牠們。
這顆蛋裡的寶寶死掉了，不吃的話很浪費！

貓、兔子或有些鼠類聞到敵人的氣味時，會吃掉自己的幼兒再逃走，原因可能是：「與其寶寶被敵人吃掉，不如自己吃，才不會浪費眼前的營養和能量」。
孩子，馬麻沒辦法帶你們逃走，只好先吃掉你們……

我的辦案筆記

報案人：鴨媽媽

報案原因：吳郭魚太太狠心吃掉自己的小孩

調查結果：

1. 吳郭魚是特殊的「口孵魚類」，會用嘴巴保護魚卵和魚寶寶，並不會吃孩子。
2. 遇到危險時，吳郭魚媽媽會緊急把小魚吸進嘴裡；有時候還會糊里糊塗的吸進別人家的小孩。
3. 鴨媽媽誠心誠意的向吳郭魚道歉，兩個人還變成好朋友。

調查心得：

鴨媽媽，大嘴巴，愛在背後說閒話；
吳郭魚，嘴巴大，口孵寶寶快長大。
兩張嘴巴比一比，誰的功勞比較大？
鴨子攪亂一池水，魚兒寶寶滿天下。

無罪

壞蛋的祕密

你亂講！
哼！
我說的是真的！
ㄟㄟ……住手！小朋友不能打架！
他說我不是我媽親生的！他亂說！
事實就是事實！不信你看……
……
這是他帶到班上的照片……

他竟然比自己
的媽媽還大隻，
當然不是親生的！
要你管！
是我媽會養，
營養好，
不行嗎？
你不用解釋。反正我媽媽教
過我，你們這種鳥就是「壞
蛋」，專門當「寄生蟲」，
寄生別人的窩……
噠！
你給我記住！
ㄌㄩㄝ～
不要拉我！
我要報仇！
溜之大吉

嘁～
嘁～
嘁～
被咬活該！
誰教你開人家
媽媽的開玩笑？
已經吃了縮小
糖，縮小身體
媽咪～
嗚……
隨便侮辱同學，
還罵人家是「壞
蛋」、「寄生蟲」
……
觸犯森林法規第三
條「公然侮辱罪」，
要罰三萬元，再撿
狗屎二十天！
驚！
警察先生，
孩子還小
……
哇啊～
我不要～～

!
別擔心，我只是嚇嚇他；讓他以後不敢再亂講話……
我的寶貝沒有亂講話！
他說的都是事實。是他同學的媽媽被騙了！
啊!?什麼？
倒～
黃林鶯母鳥
：
那個個頭特別大的孩子，應該不是黃林鶯，而是「棕頭牛鸝」！棕頭牛鸝是我們這一帶有名的寄生蟲、大騙子！專門趁鳥媽媽不在家，把蛋偷偷下在別人的巢裡，這種惡劣的行為叫做「**巢寄生**」！
棕頭牛鸝母鳥
黃林鶯的鳥巢

棕頭牛鸝小檔案

母鳥

（單位：公分）

公鳥

姓 名	棕頭牛鸝
分布地帶	北美洲開闊的草原、田野或森林邊緣。
特 徵	小型的雀類，在開闊的草地、牧場上啄食的時候，常和牛隻相伴，所以名字才叫做「牛」鸝；棕頭牛鸝的雌雄很容易分辨，雄性的身體是黑色，而雌性是暗灰色或褐色。
犯罪嫌疑	在別人的鳥窩裡下蛋，欺騙別人撫養自己的小孩。

：什麼？你是說…黃林鶯含辛茹苦養大的，不是自己的親骨肉，而是棕頭牛鸝的小寶寶？
：按我的推論應該沒錯。在北美洲，有兩百二十多種鳥類的巢，都曾被他們寄生；其中一百五十種還被他們得逞，傻傻的幫他們撫養小孩。這些無賴真可惡，明明好手好腳，卻偏偏不築巢，一點養兒育女的責任都不負！這不是「寄生蟲」，是什麼？
：聽你這麼生氣，難道你也當過棕頭牛鸝的「寄主」？
機會來了，嘻嘻……
寄主

什麼是「寄主」呢？
寄主＝被寄生的受害者

繁殖季節來臨時，棕頭牛鸝會趁寄主外出的短暫時間內，飛快的溜進寄主的鳥巢裡。
丟～
先丟掉一顆寄主的蛋。
咻～
再生下一顆自己的蛋。
生！
嘻嘻，神不知鬼不覺。
然後趁寄主回巢之前飛離。
鳥神仙
咳咳，我看到囉……

成功啦，
Byebye~
：她是我的好姐妹！但是，這不能怪她，因為棕頭牛鸝的蛋和我們黃林鶯的蛋實在很像，幾乎有百分之四十的黃林鶯家庭，都會不知不覺中她們的計。
冒牌的蛋比較大

果然卑鄙！不顧自己的孩子也就算了，還謀殺別人的小孩！

還有誰會「巢寄生」？

「巢寄生」又稱為「寄孵」現象，是一種為了節省自己的體力和時間而把卵產在別人的巢中，欺騙別人養大自己後代的繁殖行為。

這種行為在鳥類世界最普遍。有可能是因為大部分的鳥兒都會盡心盡力的撫育幼兒，所以才最有機會成為巢寄生的對象。在全世界的鳥類之中，超過百分之一的種類會進行巢寄生；其他物種則只有極少數的魚類、蜂類有巢寄生的現象。

真累，這孩子怎麼這麼會吃？
有人幫我養孩子，好輕鬆喔，嘻嘻……

杜鵑鳥

百分之四十的杜鵑會巢寄生。他們有些專門寄生固定的鳥種，而且生出的蛋，和寄主的蛋幾乎一模一樣。

咦？
鄰居不在家，
好機會。
崖燕
會自己築巢下蛋，但也會趁著鄰居外出或忙著觀看鄰居打架時，溜進鄰居的巢裡生蛋，前後只需要 15 秒。

杜鵑鯰魚
趁亂把卵和口孵性的慈鯛魚下在一起，讓慈鯛誤把自己的卵和鯰魚的卵一起含入口中孵育。通常，鯰魚寶寶會先孵化，還會把慈鯛的卵當做食物吃掉。
嗯，
好吃！
好吃！
我真是天才，
嘻嘻。

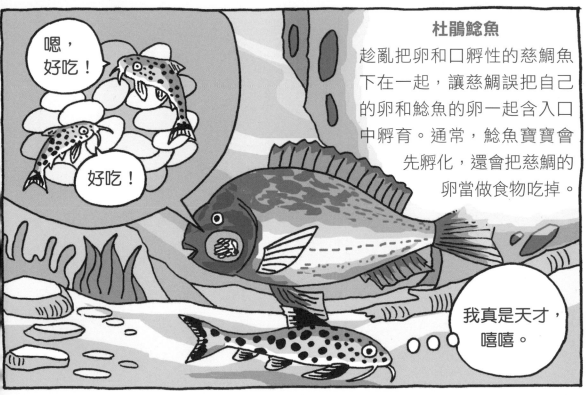

：更可惡的是，棕頭牛鸝天生比我們黃林鶯早孵化；再加上牠們個子大，食物搶得凶，結果我那可憐的姐妹和她丈夫，辛辛苦苦養大的是別人的孩子！自己親生的寶貝反而又瘦又小，還有一個寶寶甚至活活餓死！
：聽起來真悽慘。可是有件事我想不通：冒牌的寶寶明明體型這麼大，為什麼黃林鶯媽媽還被騙，拚命的照顧他呢？
：原因沒有人知道，有些母鳥就是無法分辨。不然的話，就會像我一樣，啊噠～～！
我搶～
好餓～

黃林鶯平常個性溫和，但是遇上棕頭牛鸝卻會猛烈驅趕

第三招，發現巢裡有來路不明的蛋，就啊達~~把牠踢出去！
看我的佛山鲁肉腳，嘿~

不然的話，就是在上面造一個新巢，把寄生的蛋活活悶死！

為了對抗巢寄生，有些黃林鶯的巢可以疊到六層

或乾脆拋棄舊的巢，飛到其他地方再生一窩新的蛋！
咦？可是這麼做你自己的蛋不也一起被悶死或拋棄了嗎？
對耶，我怎麼都沒想到？

：……唉，管不了這麼多了啦！反正，損失幾顆剛下的蛋，總比花二十幾天去養別人的孩子划算！自己的蛋再生就有啦。
：傳宗接代果然是大事，大家都很精打細算。
：這是當然。只不過，再怎麼精，還是比不上這些巢寄生的無賴！我們辛苦的築巢、孵蛋，還要抓蟲、餵食……每天從早忙到晚，整個繁殖季只夠生下三到六顆蛋。可是牠們什麼勞力都不付出，只要輕輕鬆鬆的到處生蛋，一季卻可以生下七、八十顆蛋！你說，氣不氣人？
啾~
啾~

!
那這樣，我明天就去報告老師，揭發那位同學的惡行！
唉……
……你的同學是無辜的……
牠被自己的親生媽媽遺棄在別人家裡，冒著被踩破、悶死的危險，好不容易才能活下來……
何況，棕頭牛鸝的小寶寶只是比較會吃；不像其他巢寄生的動物寶寶，還會殘忍的直接殺掉寄主的孩子……

恐怖寶貝「窩裡反」

有些巢寄生的冒牌寶寶成功孵化以後，為了霸占養母提供的食物與照顧，會在窩裡開始「造反」，像是排擠或攻擊個子嬌小的兄弟姐妹，或甚至動手殺死他們。

天真無邪的小寶寶好像不應該有這些看似「恐怖」的行為。但其實，這就像我們一出生就會吸吮喝奶一樣，都只是小寶寶為了求生存的天生「本能」；想想看，我們要用人類的角度把他們看成邪惡的壞蛋嗎？

1
有些巢寄生的鳥寶寶仗著體型比寄主的鳥寶寶大，幾乎獨占所有食物。

2
非洲蜜鴷的寶寶一出生就會用尖嘴咬破寄主的蛋，或咬死寄主的小寶寶。

3
某些杜鵑鳥寶寶會用發達的頸部和背部，把寄主的蛋或小寶寶頂出巢外。

所以這件事
就算了吧！
唉
只要你長大以後懂得
提防這些「寄生蟲」，
媽媽就安心了！
嗯！馬麻，
我知道。
叩叩叩！
有人敲
門耶。
嗯？
嚇！
是我們家胖呆
同學的家嗎？
聽說你兒子
對我兒子有
點誤會……
氣勢
ㄌㄩㄝ～
這……
他是
黑道嗎？

我家胖呆只是遺傳他老爸，天生身材高大，異於常人……
是是是，這孩子又高又帥，跟爸爸一樣……
可是妳兒子笑他是什麼……「寄生蟲」?!
肌肉
吞口水
誤會誤會！小孩子亂講話……
你這孩子，還不快道歉？
對不起，我下次不敢了……

我的辦案筆記

報案人：黃林鶯

報案原因：黃林鶯指控胖呆同學是「寄生蟲」

調查結果：

1. 棕頭牛鸝是「巢寄生」性的鳥類，會偷偷在兩百多種鳥類的巢中下蛋。有些蛋會成功的被孵化、養大；有些蛋則會被識破、搗毀。

2. 黃林鶯辨認假蛋的能力，不會隨著年紀或育兒經驗的增加而變好，科學家也不知道為什麼。

3. 黃林鶯寶寶和「胖呆」變成好朋友，還特別組成「搗蛋二人組」，幫同類揪出巢寄生的「壞蛋」，再丟出巢外。

調查心得：

小媽媽，大兒子，怪怪；
真爸爸，假女兒，壞壞；
偽手足，別做怪，乖乖，
巢寄生，莫再來，Byebye。

通緝中

小老大離家記

警察先生！
這傢伙是小偷，偷我的魚！
哼
賣魚店的老闆
小壞蛋！警察在這裡，看你還敢不敢偷東西？
……
人家餓扁了，不偷魚吃，吃什麼嘛？
!
小朋友，不對喔，想吃魚要自己抓，不能用偷的……
還嘴硬!
我又還沒長大！羽毛不防水，一抓魚就會冷死，你要害死我嗎？!

企鵝寶寶的羽毛只是蓬鬆的絨羽，沒有「防水」效果，所以一進水裡就會溼透，甚至冷死。長大以後換上規則排列的羽毛，並塗上油脂，才能防水與保暖。

那不然，回家找爸媽也可以呀，他們一定會把你餵得飽飽的……
哼！會才有鬼！
爸爸媽媽都偏心，只對弟弟好！有什麼食物都讓弟弟先吃，害我長得又矮又小！如果不是離家出走，我早就餓死了！
原來是離家出走的可憐小孩……
你一定誤會了。天下的父母都是愛孩子的。叔叔帶你回家，免得爸爸媽媽擔心喔，乖！
才不要！
走啦走啦！
我不要！
走！
不要不要！

福德蘭冠企鵝小檔案

（單位：公分）

姓名	福德蘭冠企鵝
分布地帶	紐西蘭南島的西南沿岸、福德蘭和斯圖爾特島沿岸
特徵	有紅色的眼睛和鵝黃色的冠毛；隨著年紀增加，冠毛會增長、低垂到眼睛或脖子的位置。福德蘭冠企鵝和其他冠企鵝最大的區別，是臉頰的兩側長著數條白色條紋。企鵝寶寶則是沒有冠毛、眼睛黑色。
犯罪嫌疑	對自己的孩子非常偏心，害得孩子離家出走。

你好！
嘩—
嘩—
嘩—
請問一下……
您知道這對企鵝夫婦住在哪裡嗎？
喔～他們呀……
幾天前搬走啦！
!
!
可憐哪～先是老大離家出走，然後老二也吃不飽餓死了。兩夫妻好傷心，只好回海裡去，等明年的繁殖季，重新再來……
怎麼這麼慘……
沒有辦法！是天公不作美啊～今年的食物特別少，就算用我們世代相傳的「偏心育兒法」，也很難養活孩子！
?!
小企鵝說的「偏心」是真的？

福德蘭冠企鵝的繁殖過程

福德蘭冠企鵝
有百分之七十五
的時間都在海上
生活。
唉，在海裡待太久，
身體都長藤壺了。

只有在每年夏天
的繁殖季節，才
會上岸尋找隱密
的洞穴或樹洞交
配、產卵。
儲備好足夠的
體力，該趁著溫
暖的夏天上岸
生小寶寶了！

通常，牠們交配以後，母企鵝會生下兩顆蛋。第一顆比較小，第二顆比較大。
怎麼一個大一個小？
老公！我們的寶貝出生了！

企鵝爸媽會輪流孵蛋。經過四到六週以後，企鵝寶寶就會破殼而出。通常，體積較大的第二顆蛋會先孵化，第一顆蛋則較晚孵化，或大部分不會孵化。
苦命的老大
先孵化的老二

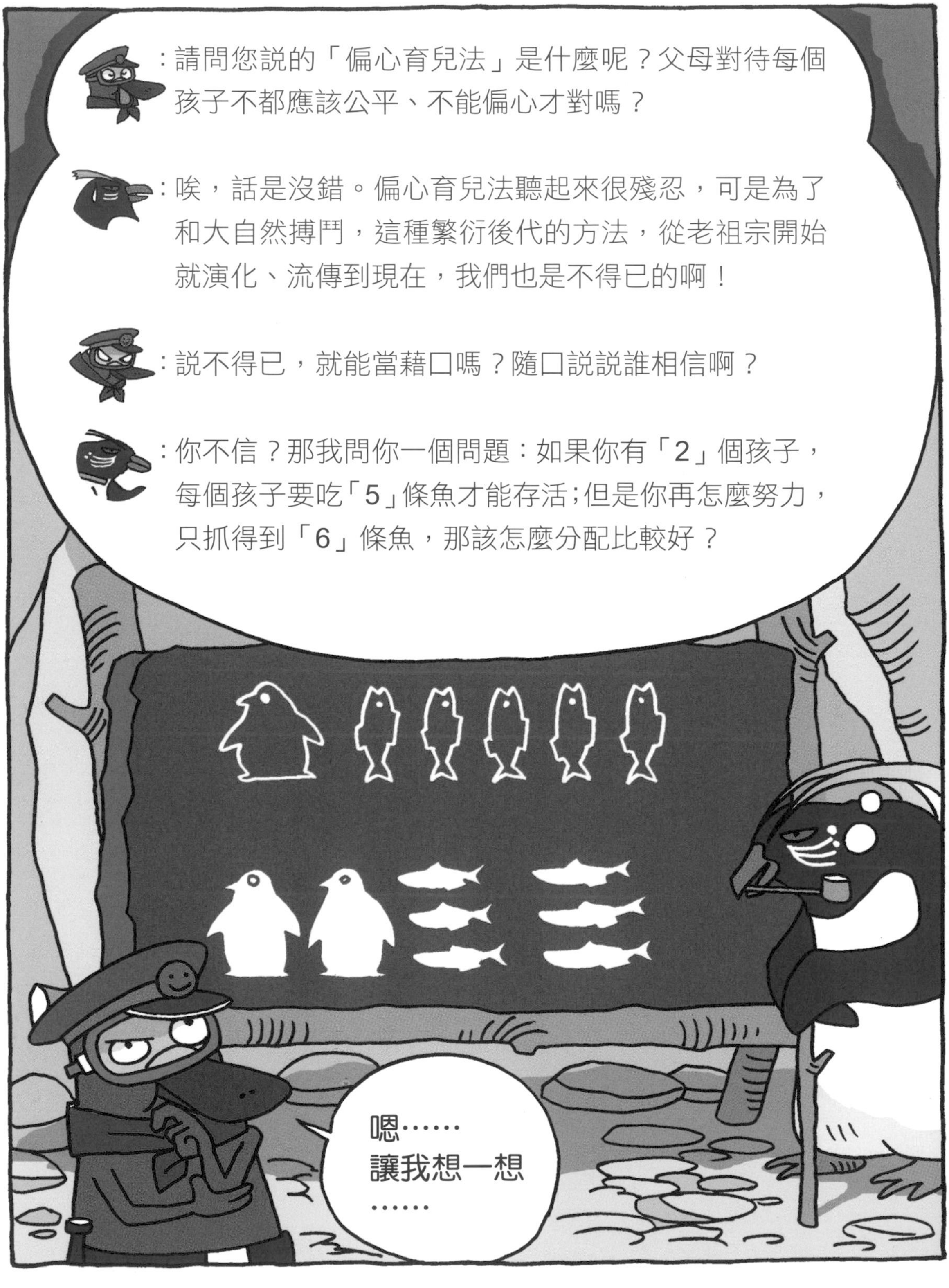
：請問您說的「偏心育兒法」是什麼呢？父母對待每個孩子不都應該公平、不能偏心才對嗎？
：唉，話是沒錯。偏心育兒法聽起來很殘忍，可是為了和大自然搏鬥，這種繁衍後代的方法，從老祖宗開始就演化、流傳到現在，我們也是不得已的啊！
：說不得已，就能當藉口嗎？隨口說說誰相信啊？
：你不信？那我問你一個問題：如果你有「2」個孩子，每個孩子要吃「5」條魚才能存活；但是你再怎麼努力，只抓得到「6」條魚，那該怎麼分配比較好？
嗯……
讓我想一想
……

還不簡單？！
一人3條，
最公平！
公平！
公平你
個頭！
咚！
啊～
答案是「一人5隻，
另一人1隻」！
這樣至少有一個
孩子會活……
存活
餓死
好痛…
一味的講究公平而平均
分配，反而會兩個孩子
都死光光！
餓死
對耶！
餓死

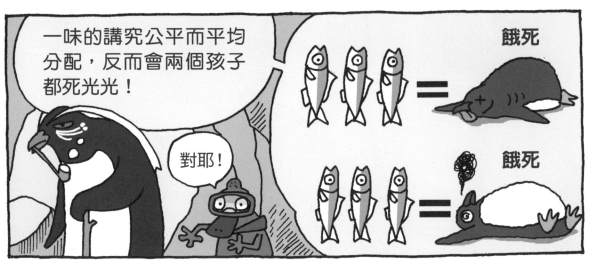

：這就是為什麼我們不得不「偏心」。偏心的話，我們能確保養活一個孩子；如果要講公平，就可能半個孩子都活不了！
：這……這是什麼歪理？好歹你們該讓孩子公平競爭，誰搶到食物誰就活，總比故意偏心好一點！
：這樣反而不可行。萬一兩個孩子搶成平手，不是反而兩個都餓死？所以我們得想辦法，讓其中一個孩子一出生就贏過另外一個，才能搶到足夠存活下來的食物。
：我懂了！這就是你們的蛋一顆大、一顆小的原因，對不對？
馬麻！
外面的，別踢我……

福德蘭冠企鵝的第二顆蛋平均比第一顆蛋重 17 %。

對對對！
不愧是警察，
果然英明！
呀～！
咚咚咚
呃哇～
……
唉喲，
怎麼啦？
沒……沒事，
請繼續
……
這麼一來，強壯的
老二會搶走大部分
的食物……
讓我們至
少有一個
孩子能健
康的活下
來。
不只我們企鵝這樣。其他
很多鳥類也用「偏心」確
保後代可以繼續繁衍……
叩！
甩

偏心父母無奈多

魚類、昆蟲不用孵蛋，也很少照顧後代；所以沒有公平不公平的問題。但是鳥類不一樣，鳥類必須孵蛋、餵食，才能成功的養活後代；所以在食物有限的情況下，有不少鳥類父母和冠企鵝一樣，用「偏心」的策略，確保自己能留下最多、最好的後代！

老大真命苦
馬可羅尼企鵝的第一顆蛋足足比第二顆蛋小百分之四十，所以除非第二顆蛋被天敵吃掉，否則爸媽對第一顆蛋幾乎是不理不睬！
弟弟乖乖，我們不要理哥哥……

愈大愈吃香
白冠雞的蛋一顆比一顆小，而且父母總是先餵大的，有剩下的食物才餵比較小的。所以如果食物不足時，就從最小的開始死亡。
食物不太夠！
等大的吃完，
再換小的吃喔！
每次都輪不到我，我要餓死了……

會吵就是贏
在白鷺的巢裡，強壯的孩子常把弱小的孩子咬死或擠出巢外摔死。白鷺爸媽還是樂於撫養這些害死兄弟姐妹的孩子，原因是他們的基因比較強壯、健康，能使後代子孫更壯大。
獲勝！這代表你的基因比較強，適合延續我們家的香火。
YA!
勝！
敗！

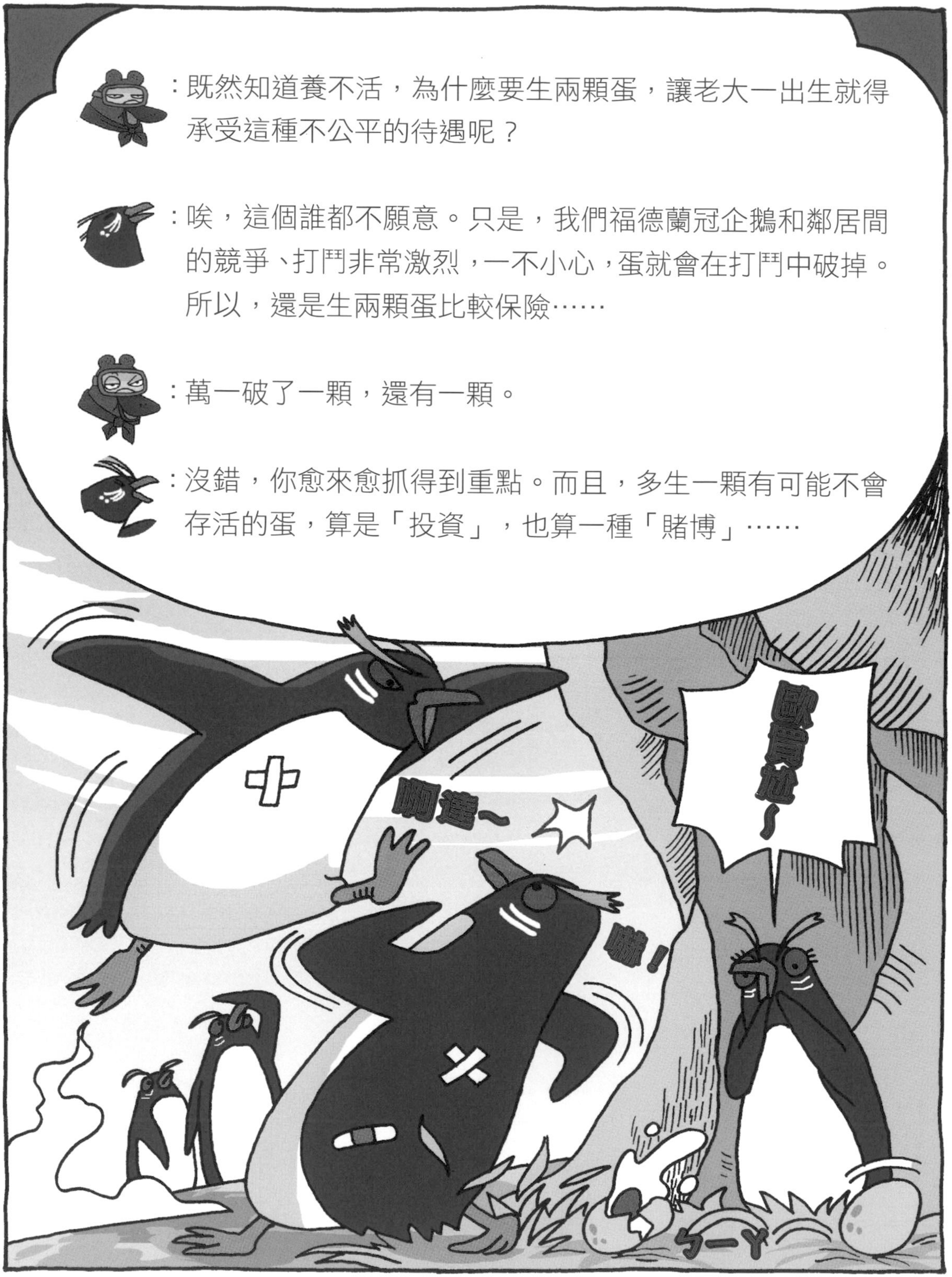
：既然知道養不活，為什麼要生兩顆蛋，讓老大一出生就得承受這種不公平的待遇呢？
：唉，這個誰都不願意。只是，我們福德蘭冠企鵝和鄰居間的競爭、打鬥非常激烈，一不小心，蛋就會在打鬥中破掉。所以，還是生兩顆蛋比較保險……
：萬一破了一顆，還有一顆。
：沒錯，你愈來愈抓得到重點。而且，多生一顆有可能不會存活的蛋，算是「投資」，也算一種「賭博」……
啪達～
歐賣尬～
嚇！
ㄅㄧㄚ

什麼賭博？！
賭博是犯法的，說！
耶？
不是你想的那種「賭博」。
是多生一顆「小」蛋，
來和環境賭賭看……
哼
你給我說清楚，不然抓你進警局！
這樣說吧，如果今年的食物量和平常一樣，那我們會養活一個孩子，只是損失一顆蛋……
隱隱作痛
那如果食物特別豐富呢？
那就兩個孩子都能活！
中大獎！哇哈哈哈
唉呀呀呀呀
揮

哎喲
喂呀～
啊！
呃，你……
不要緊吧？
唉…
不…要…
緊…
抖
抖
您說，這樣的「偏心」有錯嗎？這是老天的考驗，不能怪那對夫妻啊！
嘿咻
……他們家老大竟然活著？那你跟他好好解釋，我想他會諒解的。
……
嗚嗚
嘻嘻

來！小企鵝。
爺爺教你釣魚，
好不好？！
好～
謝謝。
哈
哈
哈
好溫馨的畫面。
小企鵝終於理解爸
媽的苦衷，不再怨
天尤人了……
等你長大換羽毛，
就要自己抓魚喔。
嗯！
嚇！
有鬼！
木乃伊！
躲
喂，你嚇到他
了啦！
有嗎？

我的辦案筆記

報案人：福德蘭冠企鵝寶寶

報案原因：父母偏心，離家出走

調查結果：

1. 福德蘭冠企鵝偏愛身材強壯的老二，是為了適應惡劣的生存環境。如果運氣好，遇上食物豐富的年分，不管老大或老二都能順利的存活。

2. 企鵝寶寶向賣魚店的水獺老闆道歉。還到店裡幫忙三天，做為賠罪。

3. 小企鵝學會釣魚後半個月，終於換上防水的成年羽毛，可以下水游泳捕魚。

調查心得：

大企鵝，偏心無罪，小企鵝，抗議有理。
動物世界，無奇不有，心中有愛，萬事包容。

查無此人

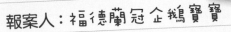

小木屋派出所新血召募
想和動物警察達克比一起出任務嗎？
請先在下頁中測試自己的生物知識，
答對題目，走出迷宮！

記住，每一關都要經過，而且只能走一次，

開始闖關囉！

迷宮入口

白蟻蟻后把蛋交給
其他子女照顧，
是為了把握時間生蛋，
讓白蟻王國更壯大。

是

是

糞便是動物身體的
廢棄物，完全沒有
營養，不可能有動物
以糞便為食。

不是

白蟻蟻后要孩子
餵自己吃飯、幫自己
洗澡，是超級懶惰
的媽媽。

不是

是

不是

不是

是

馬利筋的毒性
可以保護蝴蝶幼蟲，
所以人類也可以
吃馬利筋。

是

非洲蜜鴷的幼鳥
一出生就用尖嘴咬破
寄主的蛋，是天生就
會的本能行為。

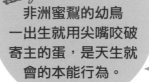

重複走就出局嘍！

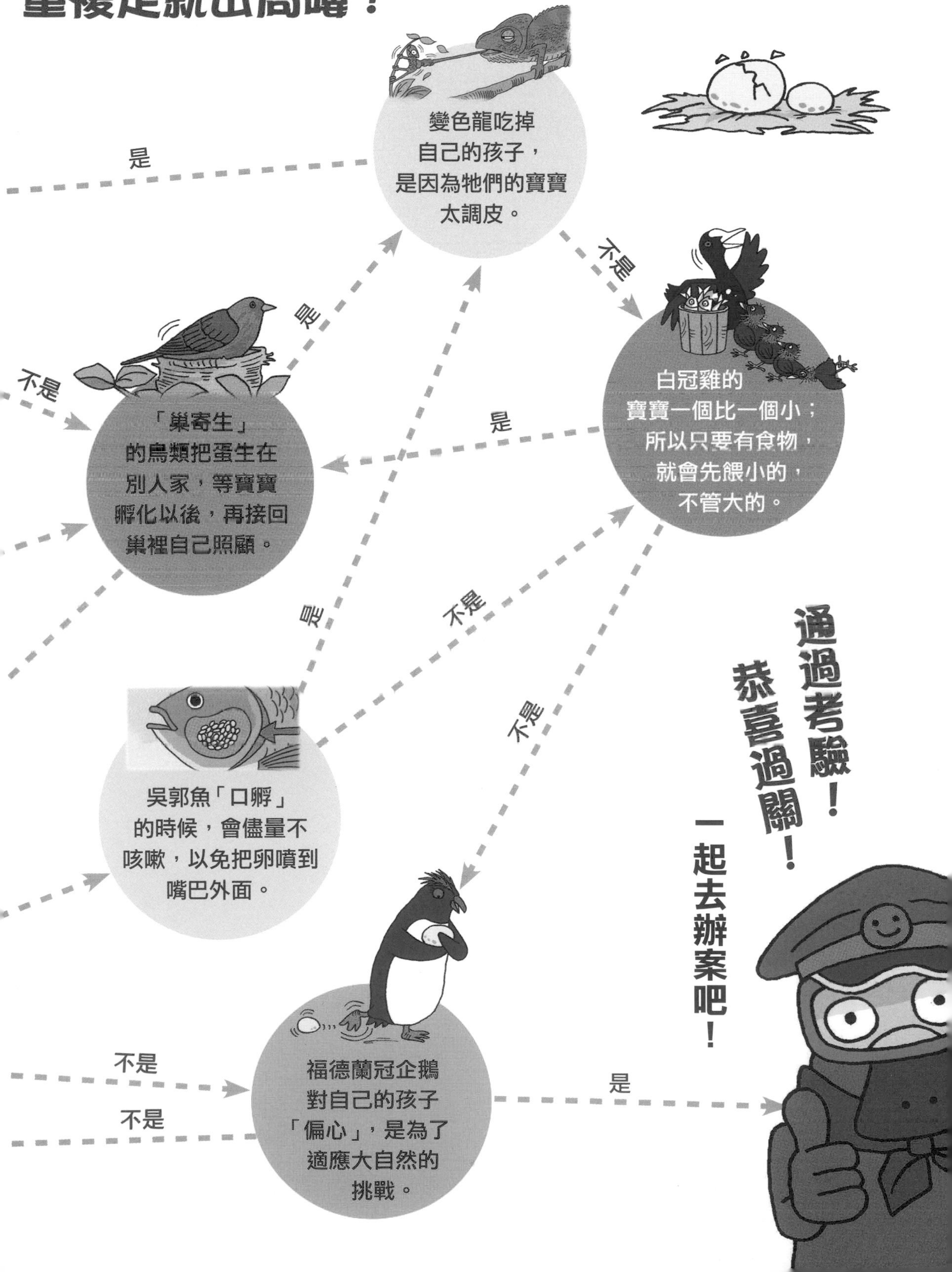
變色龍吃掉自己的孩子，是因為牠們的寶寶太調皮。
是
不是
白冠雞的寶寶一個比一個小；所以只要有食物，就會先餵小的，不管大的。
是
不是
「巢寄生」的鳥類把蛋生在別人家，等寶寶孵化以後，再接回巢裡自己照顧。
是
不是
是
不是
吳郭魚「口孵」的時候，會儘量不咳嗽，以免把卵噴到嘴巴外面。
不是
不是
不是
福德蘭冠企鵝對自己的孩子「偏心」，是為了適應大自然的挑戰。
是
通過考驗！
恭喜過關！
一起去辦案吧！

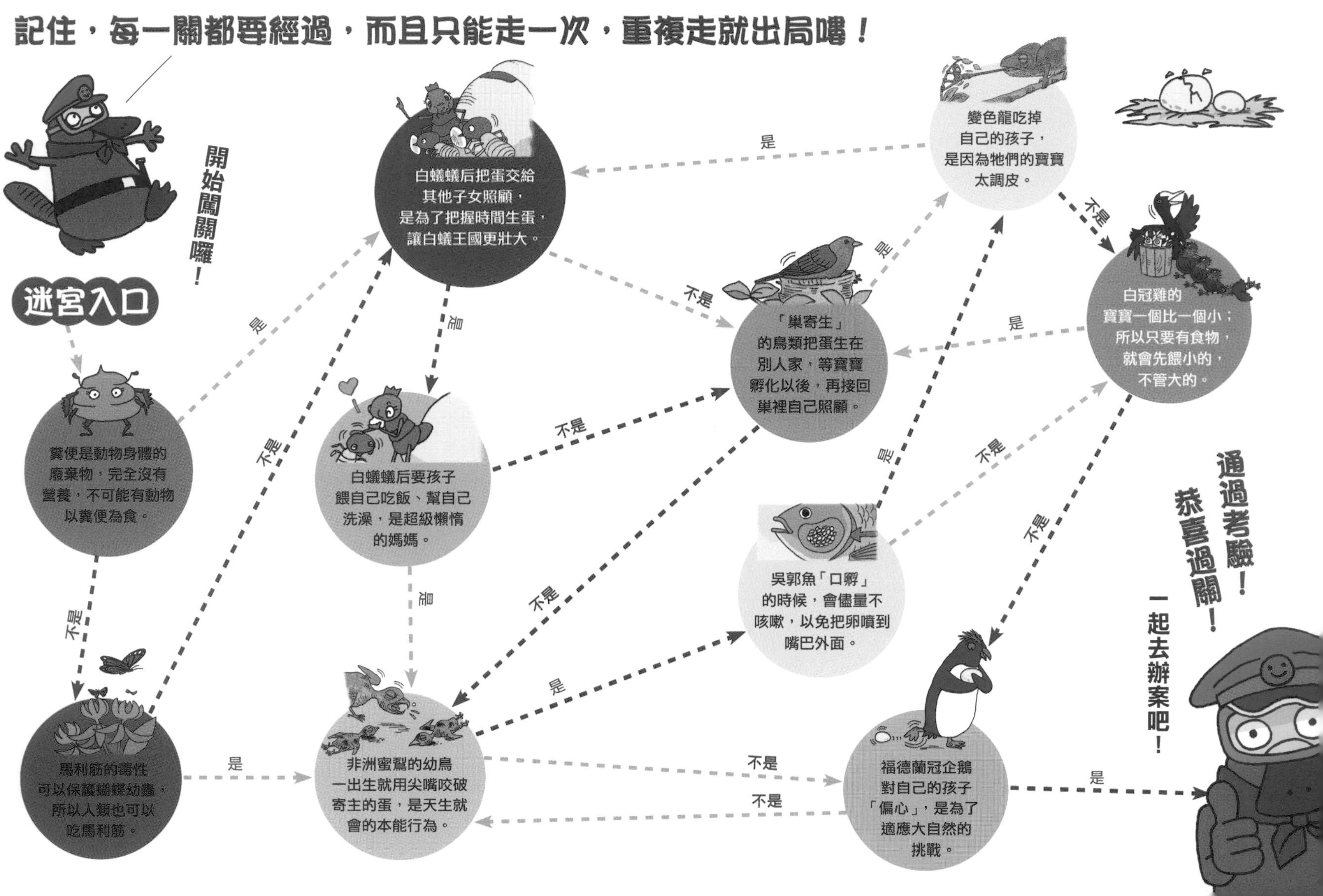
記住，每一關都要經過，而且只能走一次，重複走就出局嘍！
開始闖關囉！
迷宮入口
糞便是動物身體的廢棄物，完全沒有營養，不可能有動物以糞便為食。
馬利筋的毒性可以保護蝴蝶幼蟲，所以人類也可以吃馬利筋。
白蟻蟻后把蛋交給其他子女照顧，是為了把握時間生蛋，讓白蟻王國更壯大。
白蟻蟻后要孩子餵自己吃飯、幫自己洗澡，是超級懶惰的媽媽。
非洲蜜鴷的幼鳥一出生就用尖嘴咬破寄主的蛋，是天生就會的本能行為。
「巢寄生」的鳥類把蛋生在別人家，等寶寶孵化以後，再接回巢裡自己照顧。
吳郭魚「口孵」的時候，會儘量不咳嗽，以免把卵噴到嘴巴外面。
變色龍吃掉自己的孩子，是因為牠們的寶寶太調皮。
白冠雞的寶寶一個比一個小；所以只要有食物，就會先餵小的，不管大的。
福德蘭冠企鵝對自己的孩子「偏心」，是為了適應大自然的挑戰。
是
不是
通過考驗！
恭喜過關！
一起去辦案吧！

達克比辦案❷

壞蛋的祕密 另類的動物育兒行為

作 者｜胡妙芬
繪 者｜彭永成

企劃編輯｜張至寧
責任編輯｜蔡珮瑤
美術編輯｜蕭雅慧
行銷企劃｜陳詩茵、劉盈萱

天下雜誌群創辦人｜殷允芃
董事長兼執行長｜何琦瑜
媒體暨產品事業群
總經理｜游玉雪
副總經理｜林彥傑
總編輯｜林欣靜
行銷總監｜林育菁
主編｜楊琇珊
版權主任｜何晨瑋、黃微真

出版者｜親子天下股份有限公司
地址｜台北市 104 建國北路一段 96 號 4 樓
電話｜（02）2509-2800　傳真｜（02）2509-2462
網址｜www.parenting.com.tw
讀者服務專線｜（02）2662-0332　週一～週五：09:00~17:30
讀者服務傳真｜（02）2662-6048
客服信箱｜parenting@cw.com.tw
法律顧問｜台英國際商務法律事務所・羅明通律師
製版印刷｜中原造像股份有限公司
總經銷｜大和圖書有限公司　電話：（02）8990-2588

出版日期｜2014 年 1 月第一版第一次印行
　　　　　2024 年 7 月第一版第三十六次印行
定 價｜299 元
書 號｜BCKKC032P
ISBN｜978-986-241-831-4（平裝）

訂購服務：
親子天下 Shopping｜shopping.parenting.com.tw
海外・大量訂購｜parenting@cw.com.tw
書香花園｜台北市建國北路二段 6 巷 11 號
　　　　　電話（02）2506-1635
劃撥帳號｜50331356 親子天下股份有限公司

國家圖書館出版品預行編目（CIP）資料

達克比辦案 2, 壞蛋的祕密 / 胡妙芬文；彭永成圖. -- 第一版. -- 臺北市：天下雜誌, 2014.01
116 面；17＊23　公分
ISBN 978-986-241-831-4(精裝)
1. 生命科學 2. 漫畫
299

立即購買 >

有聲故事書